Jean-Henri Fabre

法布尔昆虫记

神奇的麻醉师飞蝗泥蜂

〔韩〕曹京淑◎编著　　〔韩〕金成荣◎绘　　李明淑◎译

北京科学技术出版社
100 层 童 书 馆

序

　　法布尔是一位杰出的昆虫学家，也是一位优秀的文学家。19世纪末至20世纪初，法布尔捧出了一部《昆虫记》，世界响起了一片赞叹之声，这片赞叹声一响就是100多年，直到今天！

　　《昆虫记》语言朴素却不失优美，法布尔把一部严肃的学术著作写成了优美的散文，人们不仅能从中获得知识，更能获得一种美的享受，并由衷地对大自然产生深深的爱！

　　作为一位昆虫学家，一位用心去观察、用爱去感受的昆虫学家，法布尔的科学研究是充满诗意的。他不把昆虫开膛破肚，而是充满爱心地在田野里观察它们，跟它们亲密无间。他用诗人的语言描绘这些鲜活的生命，昆虫在他的笔下是生动、美丽、聪慧、勇敢的，他说他在"探究生命"，目的是"让人们喜欢它们"。他的心如同孩童般纯真，他的文字也充满想象力和感染力。他要让厌恶昆虫的人知道，这些微不足道的小虫子有许多神奇的本领，它们勇于接受大自然的考验，努力在这个世界上争得生存的空间。

　　北京科学技术出版社出版的这套改编的儿童版"法布尔昆虫记"换了一种方式来呈现这部科学经典。这套书用简洁的语言、精美的彩图、生动的故事情节描绘法布尔原著中具有代表性的昆虫，讲述它们的故事，展现它们的个性，处处流露出作者对它们的喜爱。我向小朋友们推荐这套彩图版"法布尔昆虫记"，是因为它语言非常优美，且所描绘的昆虫形象栩栩如生，小朋友们可以透过文字了解它们的喜怒哀乐。故事兼具科学性和趣味性，能够激发小朋友们的阅读兴趣和对大自然的好奇心，培养他们尊重生命、亲近自然、热爱科学的精神！

　　最后，希望北京科学技术出版社出版更多、更好的儿童科普书，同时也祝愿我国的儿童科普事业蓬勃发展！

中国科学院院士

张广学

神奇的麻醉师

　　嗡嗡嗡……一只蜜蜂飞来了。"哎呀，小心蜂针刺着你！"每次听到这样的话，小朋友都很害怕。但是，别担心，蜜蜂不会随便使用自己的蜂针，它们只有在十分必要的时候才会用它。

　　本书将为你介绍昆虫界的麻醉师——飞蝗泥蜂，它们拥有独特的麻醉针和麻醉技术。雌飞蝗泥蜂发现猎物以后，会迅速用麻醉针麻醉对方，使其难以动弹。之后，它们会将猎物快速拖到自己准备的洞穴里，在猎物身上产卵，再飞出洞穴并将洞口封住。这样，飞蝗泥蜂幼虫从卵里孵化出来后，就可以在安全的洞穴里慢慢地吃着新鲜的食物，健康地成长。

　　你可能会问："幼虫的食物是怎么保鲜的呢？"这全靠雌飞蝗泥蜂卓越的麻醉技术。可怜的猎物！它们在被幼虫吃掉之前，可是活生生的啊！

　　看！那儿有一只飞蝗泥蜂正在施麻醉术呢。快和法布尔一起去观察吧！

目录

神奇的麻醉师——飞蝗泥蜂

法布尔对飞蝗泥蜂的麻醉技术非常感兴趣，

却一直没有机会目睹飞蝗泥蜂施麻醉术的过程。

法布尔经常整天坐在一个地方等待飞蝗泥蜂出现，

人们看到他这个样子都觉得很奇怪，

但法布尔一点儿也不在乎别人异样的眼光。

等了许久，终于有一只飞蝗泥蜂出现了。

那是一只专门捕猎螽斯的朗格多克飞蝗泥蜂，

它好像刚刚结束一场麻醉术，

法布尔又一次错过了。

这时，被麻醉的螽斯用脚拼命钩住路边的野草，

做着最后的挣扎。

虽然螽斯已经被麻醉了，

但它的触角和脚仍然可以活动，

飞蝗泥蜂只好再施一次麻醉术。

这次，它咬住了螽斯的脖子，压迫螽斯的脑神经节。

法布尔见状，立马回家按照刚刚观察到的方法，

对一只螽斯施了麻醉术。

结果，螽斯果然昏迷不醒，

但却很快就死去了。

法布尔感到非常懊恼，

他只是想让螽斯昏迷，而不是让它真的死去。

直到 20 年后，

法布尔才亲眼见到飞蝗泥蜂施麻醉术的整个过程，

这要归功于他的儿子埃米尔。

法布尔经过多次实验发现，

飞蝗泥蜂虽然掌握了令人惊叹的麻醉技术，

但是在面对意外时常常做出非常愚蠢的行为。

看来，就像计算机只能根据设定的程序运转一样，

飞蝗泥蜂只能按照自己的本能行动，

并不具备思考和应变的能力。

神奇的世界

"哈哈，这回我也是大人了！"
朗格多克飞蝗泥蜂阿彩
一边朝蜂窝外爬，一边大声喊道。
7月的阳光普照着大地，
外面既明亮又温暖。
身材娇小的阿彩好奇地看着眼前的景色，
天上的云彩、地上的大树、美丽的花朵……
一切都让她感到新奇，
这可是阿彩第一次看到外面的世界！

这时，一只雌节腹泥蜂出现了，

阿彩高兴地朝节腹泥蜂阿姨扇了扇翅膀。

但是，雌节腹泥蜂没有理睬阿彩，

嗖地从阿彩身边飞过，把阿彩吓得倒退了几步。

惊魂未定的阿彩往身后一看，

发现节腹泥蜂阿姨捉住了她身后的象鼻虫。

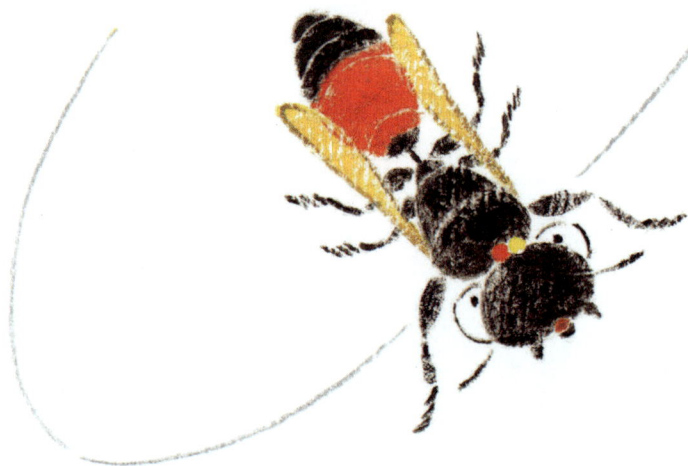

象鼻虫是一种鼻子长、外壳硬的昆虫，
由于动作迟缓，
常常成为其他昆虫的捕猎对象。
"象鼻虫穿着一身坚硬无比的盔甲，
节腹泥蜂阿姨该不会选错猎物了吧？"
阿彩在心里嘀咕。

不过，奇怪的是，

雌节腹泥蜂不知道对象鼻虫做了什么，

让象鼻虫一动不动地倒在了地上。

阿彩揉了揉自己的眼睛，

"咦？到底是怎么回事？

才一眨眼的工夫就……"

雌节腹泥蜂悠闲地抱起战利品，

这才发现了在一旁傻傻地盯着自己的阿彩。

阿彩鼓起勇气问道：

"那个……请问，

那只象鼻虫为什么一动也不动啦？"

本就因顺利抓到象鼻虫而开心不已的雌节腹泥蜂，

看到阿彩一脸不可思议地望着自己，

更加得意了。

"我看你身材修长，

你应该也是一只狩猎蜂吧？

我猜你是一只朗格多克飞蝗泥蜂！"

"嗯……既然您这么说，

应该没有错！

我刚刚才从家里爬出来，

看到美丽又广阔的世界，

真是太好奇了！

不过，没有比您的狩猎技术更让我感到新奇的了。"

雌节腹泥蜂听到阿彩的称赞后，笑着说：

"真的吗？其实我刚才实战的技术，你也会掌握的。

你现在可能还不行，

但是很快就能和我一样了。

这是狩猎蜂与生俱来的本领！"

11

"真的吗？我也能做到？
您的意思是，我以后也能杀死象鼻虫？"
雌节腹泥蜂听后皱起了眉头，
放下象鼻虫说道：
"你该不会以为我杀了象鼻虫吧。
你过来仔细瞧瞧，
这只象鼻虫还活得好好的呢，
两周内都不会死掉。"

阿彩小心翼翼地来到象鼻虫旁边，
发现象鼻虫的触角仍在微微颤动着。
"啊，真的！他竟然还活着！
但是，他为什么不能动了呢？"
阿彩觉得眼前的一切
太不可思议了。

"他这是被麻醉了。

别着急，等你长大了自然就会明白的。

我听说你们飞蝗泥蜂

喜欢肉质嫩一点儿的昆虫，

比如螽斯或蟋蟀。

好啦，时间不早了。再见，小家伙！"

说完，雌节腹泥蜂抱着象鼻虫飞走了。

阿彩还在琢磨节腹泥蜂阿姨的话。

"我也能变得那么厉害吗？

可是，我怎么才能学会麻醉技术呢？

要上学习班吗？

我还不知道螽斯和蟋蟀长什么样呢！"

阿彩一边自言自语，一边继续四处溜达。

对阿彩来说，周围的一切都很陌生。

突然，阿彩闻到了一股香味，

这才感觉肚子饿了。

她看了看周围，

发现了大树后面的大蓟花，

香味正是从大蓟花中散发出来的。

"真好吃！"

阿彩大口大口地吃起了大蓟花的蜜，

吃着吃着，她突然笑了起来。

节腹泥蜂阿姨看错了吧！
身材修长的就是狩猎蜂吗？
我最喜欢吃花蜜，
还喜欢吃花粉！
比起狩猎，
我更喜欢赏花！

节腹泥蜂阿姨看错了吧！
我会在此幸福地生活，
也许我是一只蜜蜂！

阿彩接连几天都待在大蓟花海里，
观赏着四处盛开的美丽无比的大蓟花。
饿了，就落到花朵上，
吸食可口的花蜜。
就这样，阿彩幸福而安逸地生活着。

这天，阿彩遇见了小英。

阿彩和小英长得像极了，

她们都有纤细的小腰和黑色的皮肤，

就连身高也差不多。

小英先开口问道："你也是飞蝗泥蜂吗？"

"可能吧，我不太清楚，

前两天，节腹泥蜂阿姨说我是朗格多克飞蝗泥蜂。

听她的意思，飞蝗泥蜂喜欢狩猎，

但我却喜欢吃花粉和花蜜，

根本就不会捕猎！"

小英听了阿彩的话，哈哈大笑了起来。

"目前为止可能还是这样吧！"

"目前为止？什么意思？"

看到阿彩愣愣的，小英说：

"你如果想知道，就跟我来吧！"

"去哪儿？"

小英没有回答阿彩的问题，

自顾自地飞走了，

阿彩无奈，只得跟了过去。

她们飞过了阿彩喜爱的大蓟花海，
又飞过了一条美丽的小溪，
来到了一个小山谷。
小英似乎对这里很熟悉，
径直向山谷的岩石下方飞去。

进入麻醉学校

小英带着阿彩来到了麻醉学校，

一个专门教授麻醉技术的地方。

麻醉学校坐落在山谷的向阳处，

学校里安静又温馨。

阿彩有些摸不着头脑，

呆呆地站在学校门口。

"阿彩，快进来呀！"

小英催促着发愣的阿彩，

可阿彩还是犹犹豫豫地站在原地。

心急的小英不耐烦地解释道：

"这里的纤纤老师是非常有名的麻醉医生，

专门教授麻醉技术！"

阿彩也听说过这位纤纤老师。

"但是，真的非学不可吗？"阿彩心想，

"如果像现在这样生活，

不需要学习什么麻醉技术吧。"

小英好像猜到了阿彩的心思，
便耐心地说："你好像还不太明白！
我们将来都会结婚，
身为雌蜂的我们
要想让宝宝们健康成长，
必须学会捕猎！
而要想顺利捕到鲜活的猎物，
非得学习麻醉技术不可啊！"
小英说完便转身飞进了学校。

阿彩这才明白了掌握麻醉技术的重要性，
于是怀着激动的心情飞进了麻醉学校。
阿彩进入的这所学校
是飞蝗泥蜂专门学校中的重点学校，
阿彩被分在了"螽斯狩猎班"，
因为她是捉螽斯作为幼虫食物的
朗格多克飞蝗泥蜂；
而小英被分在了"蟋蟀狩猎班"，
因为她是捉蟋蟀作为幼虫食物的黄翅飞蝗泥蜂。
上课铃声响了，
纤纤老师匆匆地走进教室，
她的动作看起来既敏捷又灵巧。

螽斯狩猎班

蟋蟀狩猎班

第一节课，

纤纤老师先给学生们量身高。

"嗯，你个子很高，28 毫米！"

"你只有 20 毫米。"

……

阿彩的身高是 25 毫米。

量完学生们的身高后，

纤纤老师告诉大家，

班上同学的身高在 19 到 28 毫米之间，

阿彩的身高超过了全班同学的平均身高。

"不过，你们要捕猎的蠡斯

身高达 45 毫米！"

听到纤纤老师的话，大家都吓了一跳。

身高 45 毫米的螽斯

几乎是飞蝗泥蜂的两倍大啊！

纤纤老师还告诉大家，

螽斯的大颚非常厉害，

如果一不小心被螽斯咬住，

我们有可能被撕烂；

螽斯还会摩擦翅膀，

发出刺耳的"吱吱"声来威慑敌人。

45

第二节课，纤纤老师教大家
如何选择合适的地方盖房子。
对飞蝗泥蜂来说，
既温暖又不会被风吹雨淋的地方
最适合宝宝居住。
房子里的每一个角落
都要能被阳光充分照射到。
此外，为了方便挖掘，
还要选土质松软的地方。
"螽斯大多分散生活，
我们必须选一个
螽斯经常出没的地方。
螽斯的身体又大又沉，
考虑到搬运的距离不能太远，
我们只能在其附近安家落户。"

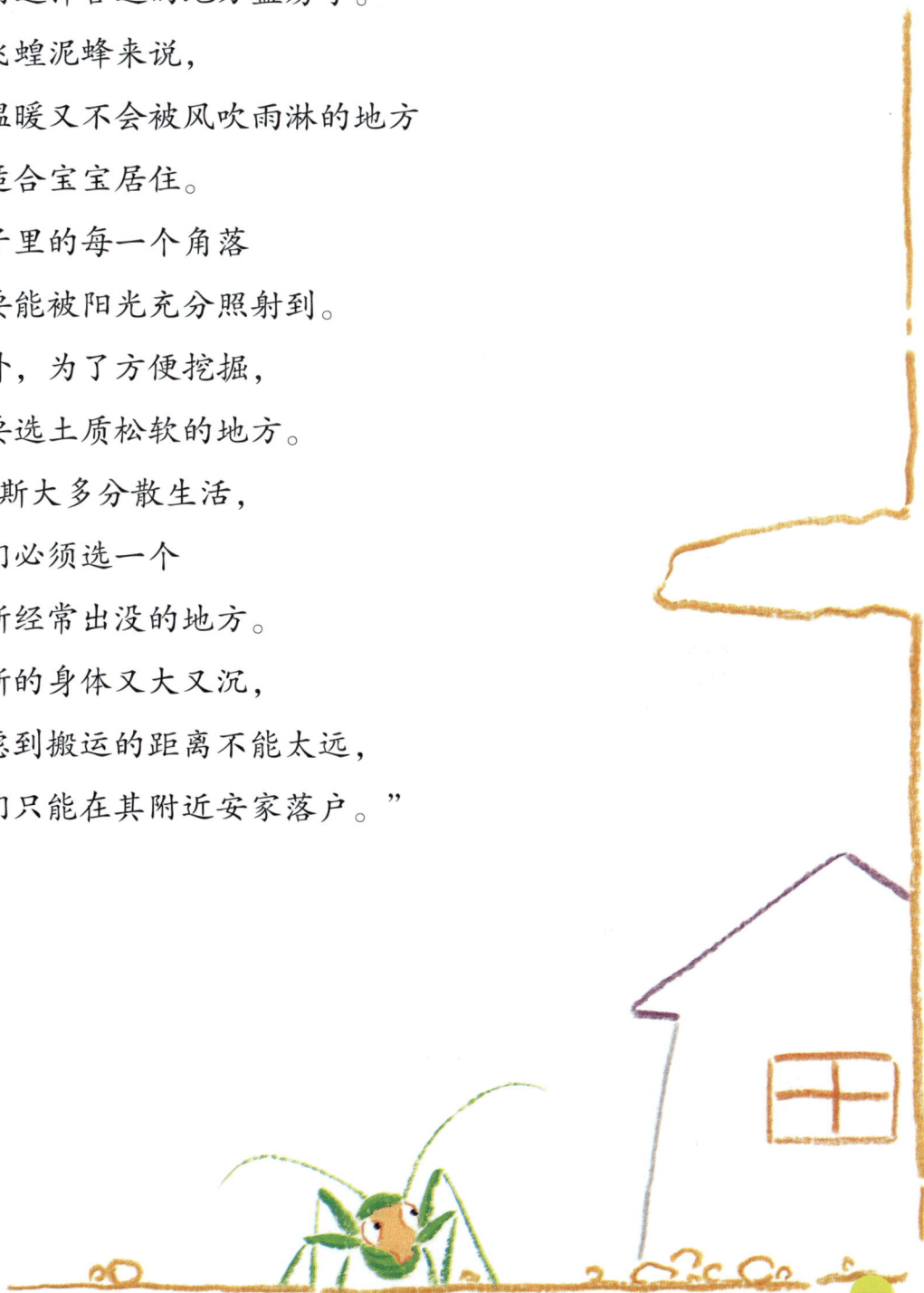

纤纤老师还告诉大家，
猎物的重量常常是
决定蜂类集群或独居生活的关键。
像专门捕猎体重较轻的蟋蟀的飞蝗泥蜂，
比如小英，就选择集群生活。
因为不论她在何处捉到蟋蟀，
都可以轻松地把战利品带回去。
而专门捕猎较重的螽斯的飞蝗泥蜂，
比如阿彩，则因不能长途负重飞行，
只好过着离群独居的生活。

课间休息时间到了，

阿彩飞到了学校门前的花园里。

可能因为一直专心学习的缘故，

阿彩感觉肚子特别饿，

急忙大口大口地吃起了花蜜。

这时，阿彩看到小英也飞了过来，

欢喜地大喊道：

"小英，我在这里！"

小英高兴地飞到阿彩身边，说：

"原来是阿彩呀！

怎么样，学习累不累？"

"不累！很有意思！

我学到了很多有用的知识呢！

多亏了你，谢谢你呀！"

小英笑着说："快别这么说，

我也很高兴认识你！"

第三节课，

纤纤老师带来了一个螽斯模型。

这是所有课程中最重要的一节课，

专门教授麻醉的技巧。

"接下来，我们用它来进行练习。
但是，同学们千万不要忘记，
你们要捕的是活蹦乱跳的螽斯，
更准确地说，
是肥硕的雌螽斯。
如果捉一只雄螽斯给孩子们吃，
会让他们营养不良的！"

纤纤老师开始给大家示范麻醉的过程。

首先，纤纤老师张开大颚，

紧紧地咬住了"螽斯"的前胸；

然后，她拱起腹部，

用末端的毒针瞄准"螽斯"的前胸，刺了进去。

"这样，螽斯就无法奋力抵抗了！"

纤纤老师紧接着攻击"螽斯"的脖子，

只见她用力压住"螽斯"的颈背，

使它的脖子伸得长长的，

再小心翼翼地将毒针刺了进去。

"这次，我们的目的是
让蟊斯的腿脚完全无法动弹。
虽然攻击的是蟊斯的脖子，
但我们真正的目标其实是前胸的神经节，
从脖子进针比较容易。
前胸的神经节被麻醉之后，
蟊斯颚和触角还能动，
但是腿脚完全不能动了，
就像断了线的木偶一样！"

纤纤老师那敏捷灵巧的动作

和分毫不差的准确度，

让在场的学生们惊叹不已。

纤纤老师继续说：

"我们必须清楚猎物的身体结构，

这样才能一击即中！"

接下来，大家开始学习

如何搬运被麻醉的沉重的猎物。

为了将蠡斯这个庞然大物搬进家里，

飞蝗泥蜂会暂时放下猎物，

先回去把洞口打开，

再回到原地继续搬运猎物。

"你们要记住，
这时候的螽斯触角和大颚还能动。
如果螽斯用大颚攻击你们，
不要着急，找机会咬住她们的脖子，
找到脑神经节，并用力压迫，
这样就能让她们暂时完全昏迷了。"
接着，纤纤老师便跨在"螽斯"身上，
用大颚紧紧咬住"螽斯"的触角，
慢慢地将猎物拖动起来。

由于猎物实在是太重了，
朗格多克飞蝗泥蜂无法像捕猎吉丁虫
或象鼻虫的狩猎蜂一样，
抱着猎物一口气飞回巢穴。
"虽然这样我们很辛苦，
但是，我们只需抓一只螽斯
就可以结束捕猎行动。
当然，我们还需要在螽斯身上
找一处最安全的地方产卵！"
最后，纤纤老师强调：
千万不能忘记关上大门！
麻醉课程至此全部结束了。
"我已经讲完了所有课程，
剩下的就得靠你们自己去领会了。
你们都是飞蝗泥蜂，
所以不要担心，
只要你们认真地去捕猎，
肯定能学会的，
因为这是我们飞蝗泥蜂的本能！"

我们是解剖学家！
我们是麻醉医生！

我们没有手术刀，
只有尾巴上的一根针，
一根又细又尖的毒针！

一定要快速！
而且要准确！
一针刺进瞄准的部位，
那就是神经的中枢！

这样才能捕捉到
最可口、最新鲜的猎物!

我们是解剖学家!
我们是麻醉医生!

学生们一边唱着毕业歌,
一边离开了学校。

顽强的蚤斯

从麻醉学校毕业之后，

阿彩认识了一只雄朗格多克飞蝗泥蜂，

没过多久就和他结为了夫妻。

转眼就到了炎热的夏天，

阿彩要准备盖房子和狩猎了。

"从学校里学到的知识真能派上用场吗？"

阿彩一边嘀咕，

一边努力寻找适合盖房子的地方。

她要找一个蚤斯经常出没的地方，

这样才能将捕到的猎物迅速搬回去。

而且，这个地方土壤要松软，

还要有一定的隐蔽性。

阿彩一边回想着在学校学的内容，

一边飞到斜坡和草地上寻找。

但是她一无所获。

不知不觉间，

阿彩飞到了梧桐树旁的一栋老房子边。

阿彩仔细看了看梧桐树和老房子，

一边点头，一边自言自语：

"嗯，这个地方看起来真不错！

大树附近野草茂盛，

应该有很多蟊斯。

在老房子的屋檐下盖房子，

阳光充足，又能遮风挡雨，

还十分隐蔽，真是太完美了！

好吧，就在这里了！"

下定决心的阿彩

迅速飞到屋檐下方仔细检查，

虽然屋檐距离地面有七八米高，

但是这对阿彩来说不成问题。

果然如阿彩所料，

屋檐下方堆着一层厚厚的泥土，

十分松软，很容易挖掘。

阿彩终于找到了

适合宝宝们生活的地方。

为了寻找合适的地方盖房子，

阿彩已经飞了很长时间，

她感觉十分疲惫。

但是，能够找到这么好的地方，

阿彩的心里美滋滋的。

"加油！加油！"她为自己鼓气。

为了自己的孩子，

再怎么辛苦都值得，

天下的母亲都一样伟大。

此时的阿彩，内心充满了浓浓的母爱。

我的小宝宝啊！
妈妈给你们盖一间世界上最棒的房子！
妈妈为你们准备世界上最可口的食物！

我的小宝宝啊！
漂亮的房子是妈妈
专门为你们精心打造的！

我的小宝宝啊！
新鲜的食物是妈妈
专门为你们精挑细选的！
我的小宝宝啊！我可爱的小宝宝啊！
等你们在这里长大，
一定能成为优秀的麻醉医生！

阿彩一边唱歌，一边盖房子。

她努力回想着在麻醉学校看过的螽斯模型，

想按照它的尺寸挖一个洞穴。

阿彩很快就大功告成了。

离开房子的时候，

阿彩还用旁边的泥土暂时将洞口堵上，

使其隐蔽起来。

"好了，该去捕猎了！"

阿彩坚定地离开了家，

嗡嗡嗡地朝草丛飞了过去。

她静静地站在梧桐树附近的草丛里，

仔细观察周围的动静，

等待着螽斯出现。

不知过了多长时间，

草丛里传来"吱吱吱"的声音，

一只螽斯出现在阿彩眼前。

"哈哈，运气不错！"

说着，阿彩跳到螽斯面前，

挡住了他的去路。

但是，这只螽斯竟然眼睛都不眨一下，

直勾勾地盯着阿彩。

"你这个不怕死的家伙！

看到我居然还不逃跑，

真是不知天高地厚！"

那只螽斯泰然自若地笑着说：

"愚蠢的家伙！

看好了，我是雄螽斯！瘦小的雄螽斯！"

这时阿彩才想起纤纤老师的话：

"如果抓一只雄螽斯给孩子们吃，

会让他们营养不良的！"

"啊！"

阿彩恍然大悟，呆呆地站在原地。

雄螽斯得意扬扬地一蹦一跳，

消失在了草丛里。

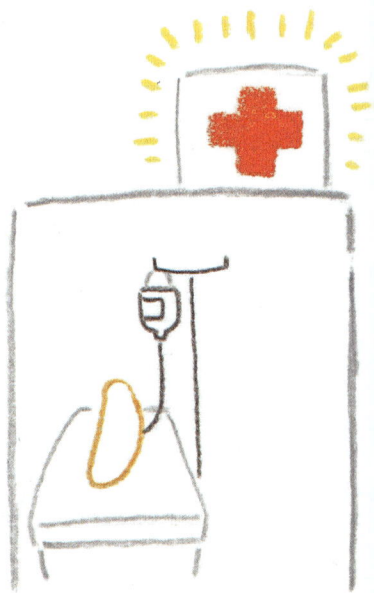

"呼——好险！刚才差点儿出错了！"
阿彩重新打起精神，
嗡嗡嗡地飞到另一个地方，
等待雌蝨斯出现。
嚓嚓嚓，
阿彩听见了什么动静，
聚精会神地盯着声音传来的地方。

啊！又有一只螽斯出现了！

这次阿彩一眼就看出那是一只雌螽斯！

"看来你注定要成为我宝宝的食物啊！"

阿彩兴奋得差点儿喊出来。

螽斯丝毫没有察觉，

一蹦一跳地朝阿彩的方向过来了。

"就是现在！"

阿彩如离弦的箭一般快速扑向这只蠡斯。

虽然从来没有类似的捕猎经验，

但凭着在麻醉学校所学的技术和与生俱来的本能，

她尽力张开大颚，一口咬住蠡斯的前胸。

遭到突袭的蠡斯吓了一跳，拼命挣扎，

但怎么都无法逃脱阿彩的大颚。

阿彩没有想到自己娇小的身体里，

竟然蕴藏着这么大的力量。

转眼间，阿彩就将这只比自己大两倍的蠡斯，

牢牢地控制在自己的大颚下，

让蠡斯一动也不能动。

接着，阿彩一点儿也没有犹豫，

她拱起腹部，

以迅雷不及掩耳之势将毒针刺进蠡斯的前胸。

渐渐地，蠡斯的身体瘫软了下来。

接下来，阿彩瞄准了螽斯的脖子。

她用力压住螽斯的颈背，

果然如她预想的那样，

螽斯的脖子伸得长长的。

阿彩将毒针深深地刺入螽斯前胸的神经节。

此时的螽斯腿脚变得软弱无力，

完全无法动弹了。

"哇！成功了！"

阿彩高兴地大声欢呼。

但是，她又有些担心螽斯死掉了，

这是阿彩第一次施麻醉术，

她不太相信自己的技术。

阿彩屏住呼吸静静地观察眼前的螽斯，

幸好，螽斯的触角仍然在轻轻地晃动着。

再仔细一看，

螽斯的肚子还在轻微地上下起伏，

嘴巴也在不停地颤抖，

阿彩这才确定螽斯真的还活着。

阿彩兴奋得手舞足蹈，

俨然已经成了一名杰出的麻醉师。

不过，只有在为自己的宝宝寻找食物时，

她才会使用这种捕猎方法。

被麻醉的螽斯大约还可以活 17 天。

虽然螽斯现在没有食物吃了，

但是因腿脚瘫痪而无法剧烈挣扎，

只有心脏等重要器官在进行新陈代谢，

所以每天消耗的能量很少，

完全可以在一段时间内维持生命。

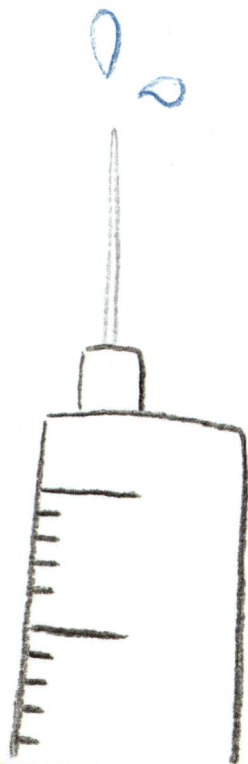

如果给这只螽斯喂食，

她还能够活足足 40 天。

不过，如果一只没有被麻醉的螽斯

被关在某个黑暗的地方，没有食物，

她最多能活 4 天。

这是因为螽斯为了逃脱会不停地挣扎，

而这将消耗太多能量。

若是将她关在明亮的地方，

她的生存时间会更短，

因为她的活动将更加频繁。

所以，只有将螽斯麻醉后

再供飞蝗泥蜂幼虫食用，

才能确保飞蝗泥蜂幼虫吃到新鲜的食物。

也就是说，如果不事先将螽斯麻醉，

而是直接将她关在洞穴里，

可能不到 4 天螽斯就会死掉。

死掉的螽斯很快就会腐烂，

而吃了腐坏的食物的飞蝗泥蜂幼虫，

也很难活下去。

另外，如果将活蹦乱跳的螽斯
和飞蝗泥蜂幼虫一起关在洞穴里，
飞蝗泥蜂幼虫有可能被螽斯踢伤，
甚至被踢死。
但是，被麻醉的螽斯
不但无法伤害飞蝗泥蜂幼虫，
还可以一直保持新鲜，
所以将螽斯麻醉真是
一举多得的好办法呀！

阿彩抓到的这只螽斯又肥又大。

对阿彩来说，她简直是最完美的猎物。

现在，只要将她搬回洞穴就可以了。

阿彩得意扬扬地跨坐在螽斯身上，

正想搬运的时候，

突然想起了一件事，

"啊！洞口还封着呢！

我得先回去把大门打开！"

阿彩看了一眼周围的环境，

把螽斯暂时藏在一个隐蔽的地方，

赶紧飞了回去。

回到洞穴前，

阿彩立马开挖。

虽然洞口只被薄薄的一层土堵着，

但是心急的阿彩手忙脚乱的，

感觉挖了好半天才露出了洞口。

阿彩一直担心

自己捕捉到的那只螽斯被抢走，

看到大门敞开，

便迫不及待地飞回了刚才捕猎的地方。

幸好，螽斯仍然躺在原地。

阿彩连忙跨到螽斯的背上，

用大颚紧紧地咬住她长长的触角。

"好了！这次可以回去了！

到我宝宝的洞穴里去吧！"

阿彩大颚和腰部齐用力，

一点一点吃力地拖着螽斯朝洞穴爬去。

虽然抱着猎物飞回洞穴比较快，

而且能省不少麻烦，

但是蠽斯对娇小的阿彩来说

实在是太大、太重了，

阿彩不得不徒步把她拖回洞穴去。

"哎呀！真的好重啊！"

不过，阿彩一想到这只肥硕的螽斯
能够给她的宝宝提供充足的食物，
就感觉身上充满了无穷无尽的力量。
终于走到了梧桐树下，
前面是一段凹凸不平的砂石路，
阿彩感觉更加费劲了。
阿彩心想：
"这样下去不行，得另想办法。"
于是，阿彩决定抱着螽斯飞行。
但是，螽斯实在是太重了，
阿彩一次只能飞很短的距离。
就这样，一会儿爬，一会儿飞，
阿彩不停地向洞穴前进着。

快要到那栋老房子下时，

阿彩突然想：

"我抓了一个比原先预计的

大得多的家伙，

可是我的房子有那么大吗？

如果房子太小放不进去就糟了。"

阿彩又不安起来：

"哎呀！还是再回家确认一下吧！"

阿彩再次放下猎物，飞回洞穴比对了一下。

她想的果然没错，

洞穴确实比猎物小了一点儿。

阿彩赶紧着手拓宽洞穴，

入口也要扩大。

突然，阿彩又想：

"其他的昆虫会不会偷走我的猎物？

哎呀！这可怎么办？"

阿彩就这样一边担心一边挖着。

终于，洞穴修整结束了！

"啊！10分钟过去了！"

阿彩迅速飞了出去，

幸好，蠡斯还躺在原来的地方。

阿彩刚准备跨到蠡斯的背上，

突然感觉有些不对劲。

"啊！"

阿彩吓得立刻飞了起来。

原来，刚刚还一动不动的蠡斯

突然张开大颚攻击阿彩。

阿彩如果反应稍微慢一点儿，

可能就被蠡斯的大颚撕烂了！

惊魂未定的阿彩不由长长地舒了一口气。

“哼，狡猾的家伙！
竟然假装温顺，搞突然袭击！”
阿彩气愤地说。
“你换个立场想一想吧！
如果是你，你会怎么做？
是躺在这里乖乖等死，
还是奋力一搏？”螽斯说。
阿彩温柔地劝道：
“可是，我不会杀死你呀！
你不觉得我非常绅士……
啊，不对……非常淑女吗？”

螽斯瞪着阿彩，愤怒地说：

"哼！你少来这套！

难道你是为我好吗？谁都知道，

你是为了自己的孩子才没有立刻杀死我，

你以为我有那么天真吗？"

阿彩尴尬地干咳了几声，说：

"不管怎么样，你迟早会死，

不要做无谓的挣扎了。

就算我改变主意把你留在这里，

你也只能多活 17 天！

就算你运气够好，老天爷给你下一场雨，

你顶多也只能再活 40 天！

而且，只能躺在这里，哪里也去不了！

所以，不要再为难我了，

还是乖乖当我宝宝的食物吧！"

蠡斯虽然对自己的命运无能为力，

但依然不理会阿彩的话。

阿彩重新跨到蠡斯的背上，

这次她非常小心地避开了蠡斯的大颚。

阿彩的腿很长，

只要她姿势正确，

就不会被蠡斯的大颚咬到。

不过，她还得非常小心，

不能让蠡斯被沙砾或草根绊住。

就这样，阿彩一步步走向自己的洞穴。

可是，走了一阵之后，

阿彩发现自己似乎一直在原地踏步，

不管怎么用力都停滞不前。

阿彩停了下来，
转身查看究竟是怎么回事。
又是这只螽斯在搞鬼——
她正用脚钩着一根草呢！
这次，阿彩真的生气了。

"我已经说过多少次了!

你怎么还这样?!

你以为你这样做能改变什么吗?"

蠡斯不甘示弱地回答道:

"哼,我绝对不会放弃的!

我宁愿饿死在这里,

也不要成为你孩子的大餐!"

"那就别怪我不客气了!"

阿彩说完,立刻爬到蠡斯的后背上,

按住她的头,使她的脖子完全暴露,

然后用大颚紧紧咬住她的脖子,

用力压迫她的脑神经节。

这时千万不能用毒针，

否则蠡斯会马上死掉的。

只要做完这个简单的小手术，

嚣张的蠡斯就一丁点儿也不能反抗了。

现在的螽斯看起来好像完全死掉了一样。

但过不了几个小时,

螽斯就会从昏迷中醒过来,

触角、产卵管、嘴巴旁边的短须,

以及大颚都会恢复到以前的状态。

因此,阿彩这次的手术是让螽斯

暂时处于全身麻醉的状态,

没有一丝抵抗的能力,

从而给自己的搬运争取足够的时间。

阿彩好不容易拖着螽斯来到了洞穴前。

她抬头看了看眼前的老房子，

才发现房子比她想象中的高了很多。

先前独自飞行的时候，阿彩并没有这样的感觉，

但是，今天的阿彩拖着一只螽斯。

"哎呀，这么高！该怎么上去呢？"

阿彩被难住了，她没办法抱着螽斯飞上去。

"看来，只能一步步爬上去了……"

向来都是只要下定决心就不再犹豫的阿彩，

立刻开始负重爬行。

阿彩拖着沉重的蠡斯，

沿着垂直的墙壁一步一步向上爬。

虽然有时会和蠡斯一起掉下来，

但是她始终没有放弃。

幸亏墙壁上到处都是凹凸不平的地方。

阿彩踩着那些小洞洞用力往下蹬，

奋力地向上爬。

让人惊讶的是，

阿彩爬行的速度和在平地上时一样快。

"加油！加油！"阿彩在心里给自己鼓劲。

没过多久，她终于爬到了洞口。

阿彩一边喘着粗气，
一边将螽斯放在了洞口。
可是，阿彩竟然把螽斯
放在了屋檐边的瓦片上，
螽斯要是掉下去怎么办呢？
粗心的阿彩根本没有想到这些，
径自走进洞穴去查看了。

"这里以后可是宝宝的房间，
我要好好整理一下才行！"
阿彩满脑子都在想着如何整理宝宝的房间，
根本没有注意到螽斯从瓦片上掉了下去。
整理好房间的阿彩出来后
才发现原本放在洞口的螽斯不见了踪影。

"我明明放在这里的!

哪儿去了呢?

不会是自己醒过来跑掉了吧?"

焦急的阿彩到处寻找螽斯的踪影,

最后,终于在地上发现了消失的螽斯。

"气死我了!这个家伙怎么跑到这里来了?"

阿彩一想到还要重新把这只螽斯

运到七八米高的屋檐上,

感到沮丧。

"我还是想得不够全面，

当初为什么选择这种地方呢？

虽然这里对宝宝来说确实是个好地方！"

阿彩一想到宝宝，浑身又充满了力量。

"对！为了宝宝，这点儿辛苦算什么？"

阿彩再次从地上拖起蟊斯往屋檐上爬，

这次，她直接把蟊斯拖进了洞里。

没想到，被拖进洞里后，蟊斯又挣扎了起来。

不过，所谓的挣扎

也不过是轻微地颤抖和抽搐罢了。

仰躺在地上无法翻身的螽斯，

已经没有了任何攻击能力。

虽然螽斯恢复了一点儿力气，

但是，因为洞穴比螽斯的身体大了不少，

螽斯无法借力，也就无法翻身了。

阿彩从容地爬到螽斯的肚子上产下了卵。

对阿彩的宝宝来说，

这里是最安全的地方。

因为这里是螽斯身上最薄弱的地方，

唯有将卵产在这里，

才能确保宝宝以后不会遭到螽斯的威胁。

阿彩经过反复确认，才放心地离开洞穴。

"我的宝宝应该很安全吧？

那只肥肥的雌蠹斯

一定能让我的宝宝健康成长！"

阿彩开始仔细地封锁洞口。

只见她背朝洞口，

用后腿把原先堆放在洞外的土往洞里拨。

洞口终于封好了，

但阿彩还是不放心。

"还是堵得更结实一点儿吧！"

于是，阿彩用大颚咬起沙子，

一点一点地堆放在洞口。

接着，她又用额头和大颚

将洞口的沙土堆拍打得更加紧实。

之后，阿彩才满意地点了点头，说：

"现在谁都不能伤害我的宝宝啦！"

老友重逢

完成任务的阿彩离开了洞穴，

悠闲地四处飞舞。

在飞过一个斜坡时，

她突然听到了熟悉的声音。

阿彩向声音传来的方向飞过去，

一看，原来是老朋友小英。

阿彩本想大声地和小英打个招呼，

但还是决定先不打扰正在认真盖房子的小英。

小英的身边放了 4 只已经被麻醉的蟋蟀。

"哎呀，小英捉了 4 只蟋蟀呢！一定很累吧。"

阿彩想等小英忙完了和她聊会儿天，

于是在一旁静静地等着。

这时，突然有一只蟋蟀滚到了斜坡下面。

"哎呀！"阿彩本能地飞了起来，

想要抓住那只蟋蟀，

但是小英却好像一无所知，

仍然在耐心地盖着房子。

阿彩想："等小英把蟋蟀放进洞穴时，

应该会发现少了一只，

这样她就会去把丢了的那只蟋蟀找回来了！"

阿彩决定先不帮忙，继续观察。

这时，小英已经整理好了房子，

开始把蟋蟀一只一只拖进洞里。

1 只、2 只、3 只，

小英把 3 只蟋蟀都放进去了。

阿彩心想："这下小英该去找那只蟋蟀了吧。"

但是，小英进入洞穴后好长时间都没有出来。

出来后，她竟然就开始着手封洞了。

阿彩惊讶地说："不对啊！洞里只放了 3 只蟋蟀，难道小英就这样直接产了卵？"

正当阿彩犹豫的时候，

小英已经将洞口封好了。

阿彩摇了摇头说：

"唉，小英以前在麻醉学校念书的时候

算术就不太好，

没想到当了妈妈还是这样。

有个这样的妈妈，她的宝宝真可怜，

肯定要饿肚子了！"

小英这时发现了阿彩。

很久不见的她们亲切地互相打招呼，

聊起了天。

"不久前，我抓了一只超大的螽斯！真够重的！"

小英听到阿彩这么说，微笑着说：

"我们第一次见面的时候，

你还跟我说你不想捕猎呢！

现在怎么变得这么厉害呀？"

阿彩不好意思地笑着回答：

"我说过那样的话吗？

肯定是因为当时我还没有当妈妈！"

小英点了点头，赞同地说：

"没错！我抓到了 4 只蟋蟀，

他们都是非常强壮的家伙，

看到他们腿上的尖刺我就难受，

要不是为了我的宝宝，

我才不会靠近这些可怕的家伙呢！"

阿彩想了想，还是没有说出少了一只蟋蟀的事。

如果小英知道了，

一定会觉得很没面子，

还会因为担心孩子而难过。

反正卵已经产了，洞口也封住了，

现在告诉她也来不及了。

阿彩和小英一边聊着天，一边飞离了斜坡。

不久之后，在阿彩和小英盖的房子里，

宝宝们将吃着妈妈准备的食物，健康地成长。

正因为妈妈掌握了高明的麻醉技术，

他们才能吃到新鲜的美味啊！

雌螽斯和雌蟋蟀虽然都有强壮的腿脚和有力的大颚
以及尖刀般的产卵管，
但是根本无法伤害飞蝗泥蜂幼虫，
甚至连幼虫的身体都无法碰到。
或许有一天，宝宝们会自豪地说：
"我的妈妈是麻醉医生，
长大后我也要成为优秀的麻醉医生！"

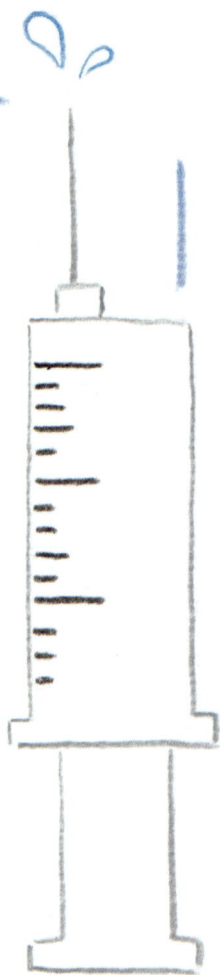

我的昆虫观察笔记

请用文字或图画记录你的所见所感。

마취 의사 구멍벌 by Kyung-Sook Cho (author) & Sung-young Kim (illustrator)
Copyright © 2003 Bluebird Child Co.
Translation rights arranged by Bluebird Child Co. through Shinwon Agency Co. in Korea
Simplified Chinese edition copyright © 2025 by Beijing Science and Technology Publishing Co., Ltd.

著作权合同登记号　图字：01-2005-3606

图书在版编目 (CIP) 数据

　　法布尔昆虫记. 神奇的麻醉师飞蝗泥蜂 /（韩）曹京淑编著 ;（韩）金成荣
绘 ; 李明淑译 . 一北京：北京科学技术出版社，2025.1
　　ISBN 978-7-5714-2914-0

　　Ⅰ . ①法… Ⅱ . ①曹… ②金… ③李… Ⅲ . ①昆虫 – 儿童读物②蜂 – 儿童读
物 Ⅳ . ① Q96-49 ② Q969.54-49

　　中国国家版本馆 CIP 数据核字 (2023) 第 031292 号

策划编辑：徐乙宁
责任编辑：吴佳慧
封面设计：包茨莹
图文制作：天露霖
出 版 人：曾庆宇
出版发行：北京科学技术出版社
社　　址：北京西直门南大街 16 号
邮政编码：100035
电　　话：0086-10-66135495（总编室）
　　　　　0086-10-66113227（发行部）
网　　址：www.bkydw.cn
印　　刷：保定华升印刷有限公司
开　　本：787 mm × 1092 mm 1/16
字　　数：88 千字
印　　张：7
版　　次：2025 年 1 月第 1 版
印　　次：2025 年 1 月第 1 次印刷
ISBN 978-7-5714-2914-0

定　　价：299.00 元（全 10 册）